AF344958

RHEINISCH WESTFÄLISCHE AKADEMIE DER WISSENSCHAFTEN

Rheinisch-Westfälische Akademie der Wissenschaften

Natur-, Ingenieur- und Wirtschaftswissenschaften   Vorträge · N 233

Herausgegeben von der
Rheinisch-Westfälischen Akademie der Wissenschaften

KLAUS WAGENER

Entwicklung der irdischen Atmosphäre
durch die Evolution der Biosphäre

Westdeutscher Verlag · Opladen

213. Sitzung am 7. Februar 1973 in Düsseldorf

ISBN 978-3-531-08233-2   ISBN 978-3-322-85572-5 (eBook)
DOI 10.1007/978-3-322-85572-5
© 1973 by Westdeutscher Verlag GmbH, Opladen
Gesamtherstellung: Westdeutscher Verlag GmbH

Inhalt

Professor Dr. rer. nat. *Wilhelm Groth*; Professor Dr. rer. nat. *Klaus Wagner*; Professor Dr. phil. nat. habil. *Hermann Flohn*; Professor Dr. phil. *Lothar Jaenicke*; Professor Dr. phil. *Maximilian Steiner*; Professor Dr. rer. nat. *Günther Otto Schenck*; Professor Dr. rer. nat. *Augustin Betz*; Professor Dr. med. *Hans-Dieter Ohlenbusch*; Professor Dr. rer. nat. *Hans-Ulrich Thiele*

1. *Einleitung*

Die Erdatmosphäre in ihrer heutigen Zusammensetzung ist einmalig im ganzen Sonnensystem. Ein Vergleich der Hauptkomponenten der Planetenatmosphären zeigt, daß unsere Atmosphäre bei weitem den höchsten Oxydationsgrad erreicht hat und darüber hinaus als einzige freien Sauerstoff in beträchtlicher Menge enthält (Tab. 1). Eine Elementhäufigkeit, die derjenigen der Solarmaterie nahekommt, ist nur in den Atmosphären der großen Planeten Jupiter und Saturn zu finden, die Wasserstoff und Helium als Hauptkomponenten besitzen.

Hauptkomponenten der Planetenatmosphären							
Venus						$\underline{CO}_2$	
Erde					$\underline{N}_2$	CO_2	$\underline{O}_2$
Mars						$\underline{CO}_2$	
Jupiter	$\underline{H}_2$	$\underline{He}$	Ne	CH_4	N_2		
Saturn	$\underline{H}_2$	$\underline{He}$	Ne	CH_4	N_2		

Tab. 1: Hauptkomponenten der Planetenatmosphären
(nach *Urey* 1959 und *Goody* 1970)

Es wird heute allgemein angenommen, daß zumindest die Atmosphären der terrestrischen Planeten sekundäre Bildungen sind, d. h. Ausscheidungen infolge Erhitzung der festen Planetenmaterie, die zuvor in kalter und disperser Form im Raum verteilt war. In diesem Zustand war die Masse der Einzelpartikeln zu klein, um flüchtige Komponenten festzuhalten. Dieses

Bild von der Entstehung der Erde auf kaltem Wege wird vor allem gestützt durch das weitgehende Fehlen der Edelgase, von denen etwa das Neon auf der Erde mit einer um 10 Größenordnungen geringeren Häufigkeit vorkommt als im Kosmos. Auf diesen Sachverhalt haben zuerst *Suess* (1949) und *Brown* (1949) hingewiesen. Es wird weiterhin vermutet, daß das jetzt im Erdkern enthaltene Eisen zunächst über den ganzen Erdkörper verteilt war, so daß im wesentlichen nur FeO und Fe vorlagen.

Unter diesen Umständen müßten in den Entgasungsprodukten, die durch den Vulkanismus an die Erdoberfläche gelangten, CH_4, N_2 sowie NH_3 die vorherrschenden Gase gewesen sein. Das Verhältnis von H_2O/H_2 sowie CO_2/CO wird durch das Verhältnis von Fe_2O_3/FeO in der Schmelze bestimmt (*Holland* 1962, 1963; siehe auch *Junge* 1966). Elementarer Wasserstoff kann sicherlich nie in hoher Konzentration vorgelegen haben, da er das Schwerefeld der Erde verlassen und in den Weltraum entweichen kann (siehe *Urey* 1959). Die mutmaßliche Uratmosphäre der Erde ähnelt damit denjenigen, die wir heute noch bei den großen Planeten vorfinden.

Die Entwicklung von dieser Uratmosphäre bis zu einem Zustand, bei dem Sauerstoff als Hauptkomponente vorliegt, war ein Prozeß, der etwa 3 Milliarden Jahre beansprucht hat. Es kann heute kaum noch einem Zweifel unterliegen, daß die entscheidende Rolle hierbei die Biosphäre gespielt hat. Andererseits hat die Biosphäre in dieser Zeit eine faszinierende Evolution durchlaufen, und es ist von besonderem Anreiz, darüber nachzudenken, wie in verschiedenen Phasen dieses Prozesses die biologische und die geochemische Entwicklung sich gegenseitig bedingt haben. Genauere Kenntnisse über den zeitlichen Ablauf dieser Entwicklung sowie die dabei durchlaufenen Stadien könnten uns weitreichende Einsichten geben in ökologische Zusammenhänge von globalem Ausmaß (vgl. hierzu etwa die zusammenfassende Darstellung von *Schidlowski* 1971).

2. *Chemische Prozesse in der Uratmosphäre*

Wir wollen zunächst einen kurzen Blick auf die wichtigsten Stadien dieser Entwicklung, so wie sie sich heute darstellt, werfen.

Aus den Komponenten der Uratmosphäre lassen sich in überraschend einfacher Weise organische Verbindungen herstellen: Aminosäuren, Peptide und auch kompliziertere Moleküle, die auch enzymatische Eigenschaften besitzen können. Man braucht letzten Endes nur Energie in geeigneter Form zuzuführen. *Miller* (1955) hat derartige Versuche angestellt, wobei er durch eine künstliche Uratmosphäre elektrische Entladungen schickte.

Groth und *Suess* erreichten mit UV-Licht sehr ähnliche Ergebnisse bereits 1938 (vgl. auch *Groth* und *v. Weyssenhoff* 1959 sowie *Dose* 1967). *Fox* gelangen zahlreiche Synthesen auf rein thermischem Wege, wobei er feste Stoffe, wie sie auf der primitiven Erde vorhanden waren, als Kontaktmaterialien benutzte.

Der Tatsache, daß die Uratmosphäre Sauerstoff-frei war, kommt in diesem Zusammenhang eine doppelte Bedeutung zu:

(1) Einmal ist organische Substanz gegen freien Sauerstoff nicht beständig; pro Kohlenstoffatom im Molekül werden bei der Oxydation über 100 kcal frei;

(2) zum anderen konnte die energiereiche UV-Strahlung nur bei Abwesenheit von Sauerstoff in die dichteren Schichten der Atmosphäre eindringen bzw. die Erdoberfläche erreichen, um dort photochemisch wirksam zu werden.

Wie von diesen Primärprodukten ausgehend die Selbstorganisation der Materie und Evolution der Moleküle bis zu sich selbst reproduzierenden Organismen führte, kann zur Zeit nur spekulativ erörtert werden. Wir wollen diese Frage hier nicht weiter verfolgen.

Sicher ist jedoch, daß sich diese Evolutionsstadien nur in einer Wassertiefe von mindestens 10 m abgespielt haben können, da nur dort Schutz vor der tödlichen UV-Strahlung gegeben war, die die Atmosphäre noch weitgehend ungehindert durchdringen konnte. Die ersten heterotrophen Eobionten lebten von den abiotisch gebildeten Primärprodukten, die im Meer die sog. „Ursuppe" bildeten.

Dennoch gab es bereits in der vorbiologischen Zeit eine Bildung freien Sauerstoffs, und zwar durch die Photodissoziation von Wasserdampf in der oberen Atmosphäre. UV-Licht im Wellenlängenbereich zwischen 1500 und 2100 Å spaltet Wassermoleküle, wobei der freigesetzte Wasserstoff in den Weltraum entweichen kann. Auf diese Weise wird der Oxydationsgrad der Erde ständig erhöht. *Urey* hat jedoch als erster erkannt, daß dieser Prozeß nicht zu beliebig hohen Sauerstoffkonzentrationen in der Atmosphäre führen kann, da der erzeugte Sauerstoff im gleichen Wellenlängenbereich absorbiert und das dabei entstehende Ozon die UV-Strahlung in besonders intensiver Weise absorbiert. *Berkner* und *Marshall* haben diesen Zusammenhang quantitativ untersucht und gefunden, daß dieser Selbstregulationsmechanismus zu einem Gleichgewichtspartialdruck des Sauerstoffs in der Atmosphäre von etwa 10^{-3} des gegenwärtigen Wertes führen sollte. Sauerstoff-verbrauchende Prozesse bei der Verwitterung des Urgesteins mögen die stationäre Sauerstoffkonzentration vielleicht auf einen Bruchteil dieses Wertes erniedrigt haben.

3. *Anstieg des Sauerstoffpegels als Folge der Photosynthese; Respiration und Entfaltung der Tierarten*

Einfache Formen biochemischer Photosynthese müssen sehr frühzeitig entwickelt worden sein. Dieser Schluß erscheint zwangsläufig, da es andernfalls bei heterotrophen Eobionten, nachdem sie sich einmal an das abiotisch gebildete Nahrungsangebot in der Ursuppe adaptiert hatten, sehr schnell zu einem akuten Nahrungsmangel hätte kommen müssen. Die frühesten Formen biochemischer Photosynthese müssen dabei keineswegs der uns vertrauten Photoreduktion von CO_2 entsprochen haben. Falls (bzw. so lange) Wasserstoff in nennenswerter Konzentration in der Uratmosphäre vorhanden war, wurde CO_2 zu Methan reduziert (*Miller* und *Urey* 1959), so daß sich zwischen Nachlieferung (aus den vulkanischen Gasen) und chemischer Umwandlung sicher nur ein sehr geringer CO_2-Partialdruck einstellen konnte. Daher könnte zwischenzeitlich auch die biochemische Photo-Oxydation von Methan eine Rolle gespielt haben (*Decker* 1969).

Die frühe Existenz von autotrophen Organismen, bei denen die CO_2-Reduktion Grundlage der Photosynthese war, wird durch das Vorkommen von Chlorophyllderivaten (Phytan, Pristan, Porphyrinen) in südafrikanischen Sedimenten nahegelegt, die ein Alter von über 3 Milliarden Jahren haben (siehe z. B. *Kvenvolden* und *Hodgson* 1969). Kohlenstoff organischen Ursprungs aus der gleichen Zeit zeigt einen Unterschuß an dem schweren Kohlenstoffatom C-13 von 2 bis 3%, wie wir ihn auch heute als Folge einer (vorzugsweise kinetischen) Isotopenfraktionierung bei der Photosynthese kennen (*Park* und *Epstein* 1961; siehe auch *Degens* 1965; *Schidlowski* 1968). Nur die Photoreduktion von CO_2 setzt neben der gebildeten organischen Substanz zugleich elementaren Sauerstoff frei, so daß erst mit dieser biologischen Entwicklungsstufe die effektive Sauerstoffquelle geschaffen war, die die atmosphärische Entwicklung so durchgreifend beeinflußt hat.

Als Folge dessen kam es zu einem allmählichen Anstieg des Sauerstoffpartialdruckes in der Atmosphäre, was jedoch infolge des anfänglich sehr großen Sauerstoffverbrauchs durch anorganische Oxydationsprozesse bei der Verwitterung sehr langsam ging.

Als der Sauerstoffpegel etwa $1/100$ des heutigen Wertes erreicht hatte, war vermutlich der Übergang von der Milchsäuregärung zur Sauerstoffatmung möglich; ein Wandel, den wir heute noch bei gewissen Bakterien finden, die fakultativ aerob oder anaerob leben können. Damit war für die Organismen eine wesentlich intensivere Energiequelle erschlossen worden, die pro Formelumsatz (Glucose) etwa 14mal soviel Energie freisetzt wie die anaerobe Gärung. Es dürfte wohl kaum ein Zufall sein, daß etwa zu dieser Zeit, an der Grenze zwischen Präkambrium und Kambrium (500–600 Millionen Jahre v. d. Gegenwart) plötzlich ein großer Artenreichtum unter den Organismen auftritt. Auch die Biosynthese von Kollagen, welches zur Ausbildung festen Bindegewebes ebenso wie der Schalen aller höheren Tiere erforderlich ist, ist nur in einer relativ sauerstoff-reichen Atmosphäre möglich. Auch diese Tatsache mag zu der plötzlichen Artenentfaltung am Beginn des Kambriums beigetragen haben (*Rutten* 1971).

Ein noch höherer Sauerstoffpartialdruck von etwa $^1/_{10}$ des heutigen Wertes war notwendig, bevor die Organismen das sie gegen die UV-Strahlung schützende Wasser verlassen und das Festland besiedeln konnten. Mit diesen beiden wichtigen Sauerstoffmarken, dem PASTEUR-Pegel und dem Festland-Pegel, haben wir in ganz großen Zügen zwei Fixpunkte für die Entwicklung der irdischen Sauerstoffatmosphäre. Die weitere Entwicklung spielte sich dann vergleichsweise schnell ab, so daß etwa im Karbon der heutige Wert des Sauerstoffpartialdruckes erreicht und im oberen Karbon möglicherweise sogar vorübergehend überschritten wurde (siehe Abschnitt 7.1).

4. *Aussagen geochemischer Stoffbilanzen zur Herkunft des freien Sauerstoffs*

Man kommt also zu der Annahme, daß für die hohe Sauerstoffkonzentration in der Atmosphäre in allererster Linie die pflanzliche Photosynthese verantwortlich war und ist. Diese Vermutung scheint auch durch geochemische Stoffbilanzen gestützt zu werden, in denen man die Gesamtverluste der Atmosphäre an Sauerstoff im Verlaufe der geologischen Vergangenheit (plus den gegenwärtigen Vorrat) der Menge an unoxydiertem Kohlenstoff organischer Herkunft in den Sedimenten gegenüberstellt. Danach ist mehr als das zehnfache der heutigen atmosphärischen Sauerstoffmenge an ehemals freiem O_2 bei der Verwitterung von Urgestein und der Oxydation vulkanischer Gase verbraucht und in den Sedimenten gebunden worden. Diese Bilanzen scheinen allerdings noch gewisse Unsicherheiten hinsichtlich des Sauerstoffs zu enthalten. Früher wurde der Hauptverlust der Oxydation von Wasserstoff (*Holland* 1962), heute wird er der Sulfatbildung zugeschrieben (*Welte* 1970). In beiden Fällen entspricht aber das errechnete Mengenverhältnis (umgesetzter Sauerstoff) : (unoxydierten organischen Kohlenstoff) etwa demjenigen von 32 : 12, wie es im CO_2-Molekül vorliegt. Auch aus dieser Tatsache kann man schließen, daß der überwiegende Teil des im Verlaufe der Erdgeschichte freigesetzten Sauerstoffs der pflanzlichen Photosynthese entstammt.

5. Isotopenfraktionierung im biologischen Sauerstoffzyklus

Die Tatsache, daß es im biologischen Sauerstoffzyklus zu Isotopenfraktionierungen kommt, die im stationären Zustand die eingeschlossenen Reservoire (Kompartimente) spezifisch (bzgl. ihres ^{18}O-Gehaltes) markieren, ist im Rahmen der vorliegenden Betrachtungen von großem Interesse. Der Luftsauerstoff ist dabei besonders bemerkenswert, da er sich durch einen auffällig hohen ^{18}O-Gehalt auszeichnet – eine Tatsache, die seit über 30 Jahren bekannt ist und nach ihrem Entdecker DOLE-Effekt genannt wird (*Dole* et al. 1935, 1944, 1956), Abb. 1. Das Zustandekommen des DOLE-Effektes ist seit seiner Entdeckung eine reizvolle Frage gewesen, mit der wir uns in den letzten Jahren näher beschäftigt haben. Es hat den Anschein, als wenn der Effekt quantitativ durch die Isotopenfraktionierungen beschrieben werden kann, die bei der Photosynthese und den respirativen Prozessen auftreten. Wie wir sehen werden, hängt die Größe dieser Fraktio-

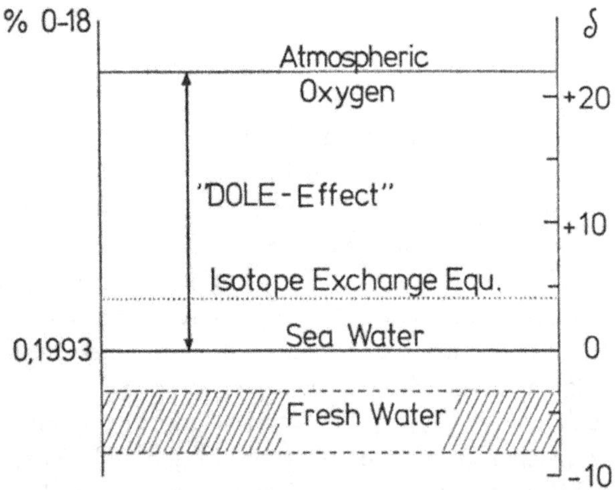

Abb. 1: ^{18}O-Gehalt in verschiedenen Reservoiren. δ = Abweichung des ^{18}O-Gehaltes gegenüber Seewasser in Promille. Die Regenwasserzusammensetzung ist abhängig vom geographischen Ort; sein ^{18}O-Gehalt nimmt nach den Polen hin ab. Die Zusammensetzung von O_2 im Gleichgewicht mit Seewasser ist berechnet.

nierung (und damit des DOLE-Effektes) vom Entwicklungsstand und der Verbreitung der Biosphäre ab, so daß hier Querverbindungen zwischen sehr verschiedenartigen Informationen gezogen werden können.

Der atmosphärische Sauerstoff stellt ein Reservoir dar, welches eingeschlossen ist in den Stoffzyklus von Photosynthese und Respiration. Die stöchiometrischen Beziehungen folgen dabei aus der bekannten Bruttogleichung

$$CO_2 + H_2O \rightleftharpoons |CH_2O| + O_2 \tag{1}$$

Auf der Erde gibt es zwei voneinander unabhängige Biozyklen: den Festlandzyklus und den marinen Zyklus. Dem atmosphärischen Rerservoir im Festlandzyklus entspricht im marinen Zyklus der im Meerwasser gelöste Sauerstoff. Auch H_2O und CO_2 bilden Reservoire, und die Reservoire aller

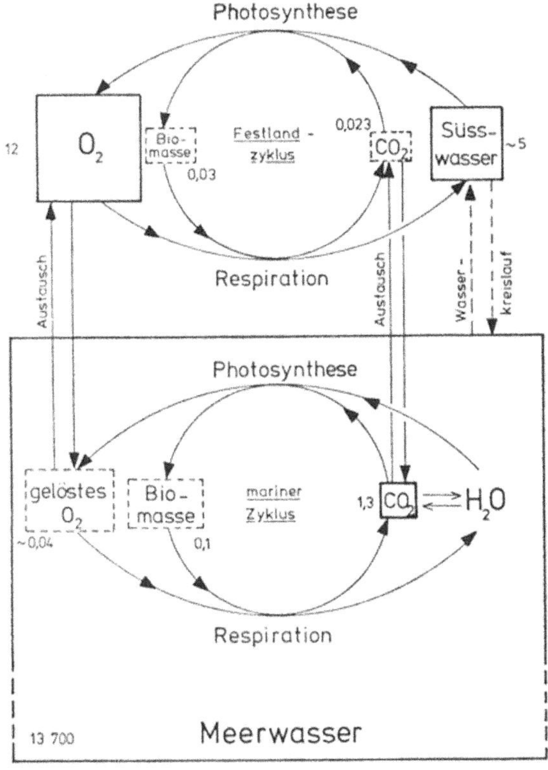

Abb. 2: Reservoire und Reaktionswege des Sauerstoffs in den beiden Biozyklen. Die Zahlen neben den Reservoiren sind Massenangaben in 10^{14} t. Die gestrichelt umrandeten Reservoire sind maßstäblich zu groß gezeichnet. Der Sauerstoff des gelösten CO_2 unterliegt einem schnellen Isotopenaustausch mit dem Wasser. Der Stoffaustausch mit der Tiefsee geht sehr langsam vor sich.

drei anorganischen Komponenten stehen im Stoffaustausch mit ihren Analoga im marinen Zyklus (Abb. 2). Grundsätzlich kommt es bei allen stofflichen Umsetzungen zwischen den Reservoiren zu Isotopenfraktionierungen, die kinetische oder thermodynamische Ursachen haben können. Damit wird das Gesamtsystem sehr komplex, und im Prinzip müßte man eine Fülle von Daten kennen, um die spezifische ^{18}O-Markierung des Luftsauerstoffs zu verstehen. Das Bild vereinfacht sich aber wesentlich, wenn man folgende Tatsachen berücksichtigt:

(1) Das Meerwasser ist bei weitem das größte Sauerstoffreservoir in den Biozyklen; seine Isotopenzusammensetzung bleibt daher (praktisch) immer konstant (und wird als Bezugsgröße genommen).

(2) Die in den Biomassen und dem atmosphärischen CO_2 gebundenen sowie die im Meerwasser gelösten Sauerstoffmengen sind demgegenüber bei Bilanzierungen vernachlässigbar klein.

(3) Der bei der Photosynthese freigesetzte Sauerstoff entstammt bekanntlich dem Wasser, so daß die isotope Zusammensetzung des CO_2 für den ^{18}O-Haushalt der Atmosphäre ohne Belang ist.

Wir wollen uns an dieser Stelle zunächst auf den isoliert gedachten Festlandszyklus beschränken, d. h., wir vernachlässigen (vorerst) die Austauschprozesse mit den entsprechenden Reservoiren des marinen Biozyklus, wie sie in Abb. 2 dargestellt sind. Den damit begangenen Fehler werden wir später erörtern. Für das atmosphärische Sauerstoffreservoir gibt es dann nur noch einen Zu- und einen Abgang: die Photosynthese und die Respiration (beides auf dem Festland). Der Sauerstoffverbrauch durch anorganische Prozesse bei der Verwitterung (Oxydation von Sulfid zu Sulfat, Fe^{++} zu Fe^{+++} u. a.) ist ein um 4–5 Größenordnungen langsamerer Vorgang als der Umsatz im Biozyklus, so daß er in diesem Zusammenhang nicht interessiert. Wir müssen somit nun unsere Aufmerksamkeit auf die Isotopenfraktionierung bei der Photosynthese und bei den respirativen Prozessen richten.

Der Akt der Photosynthese selbst bringt, wie seit langem bekannt ist (*Vinogradov* und *Teis* 1947; *Kutyurin* 1969), keine meßbare Verschiebung in der Isotopenzusammensetzung des Sauerstoffs zwischen dem gebildeten O_2 und dem H_2O, aus dem es gebildet wurde. Nun findet aber (zumindest gegenwärtig) die Photosynthese auf dem Festland überwiegend in transpirierenden Blättern statt, in denen der Dampfdruckunterschied zwischen schwerem (^{18}O-) und leichtem (^{16}O-) Wasser zu einer Anreicherung des schweren Wassers führt. Der bekannte Tagesgang in der Transpirations-

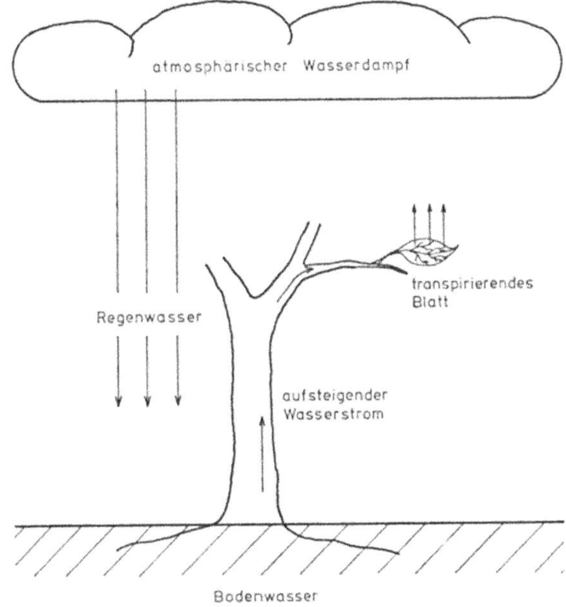

Abb. 3: Hauptwege des Wassers im Festlandzyklus

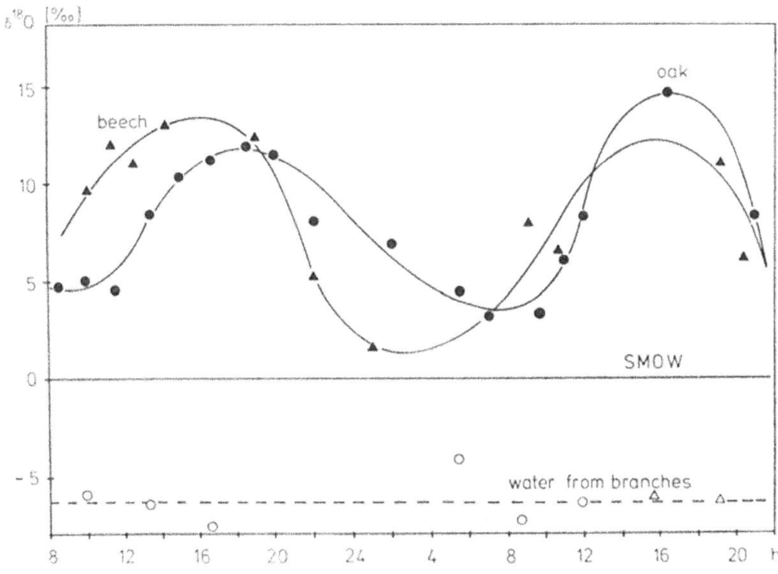

Abb. 4: Tagesgänge im ^{18}O-Gehalt des Blattwassers. Standort der Bäume: Deutschland.
SMOW = standard mean ocean water. Da die Zweige nicht transpirieren,
zeigt das in ihnen enthaltene Wasser die gleiche Zusammensetzung wie das
Bodenwasser (≈ Regenwasser) (nach *Dongmann, Förstel, Wagener* 1972).

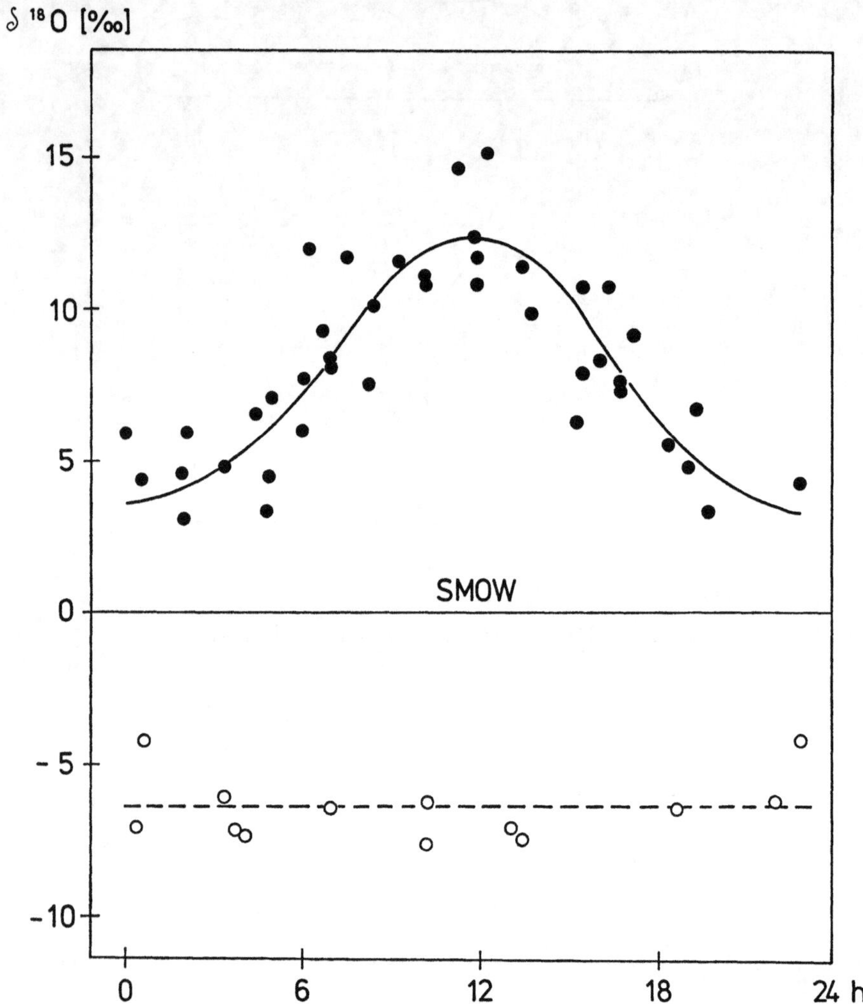

Abb. 5: Gemittelte Tagesgänge an einer Eiche. Der Kurvenverlauf ist praktisch symmetrisch zur Tagesmitte, entsprechend dem mittleren Tagesgang der Transpiration. Offene Kreise = Wasser aus Baumzweigen (nach *Dongmann* 1973).

rate spiegelt sich in periodischen Schwankungen der ^{18}O-Konzentration im Blattwasser wider (*Dongmann, Förstel, Wagener* 1972; siehe Abb. 3, 4, 5). Da weiterhin Transpirationsrate und Photosynthese-Intensität in den Blättern gekoppelt sind (siehe z. B. *Willis* et al. 1963; 1968), ist die Photosynthese in transpirierenden Blättern eine Quelle ^{18}O-reichen Sauerstoffs. Diese Erscheinung der Wasserfraktionierung in Blättern wird auf Grund von Modellversuchen in unserem Institut nunmehr quantitativ verstanden,

und eine Hochrechnung ergibt für die mittlere globale Zusammensetzung
des Photosynthesesauerstoffs aus der Festlandsflora eine ^{18}O-Überhöhung
(gegenüber der Meerwasserzusammensetzung) von etwa 1% (*Dongmann*
1973). Dabei ist der mit der geographischen Breite schwankende ^{18}O-Gehalt
im Regenwasser (= Bodenwasser = von den Pflanzen transpiriertes
Wasser) nach Literaturdaten berücksichtigt worden (Ref.: IAEA, Wien
1969).

Eine Isotopenfraktionierung bei der Respiration haben *Lane* und *Dole*
bereits 1956 vermutet und auch nachgewiesen. In quantitativer Hinsicht
können diese frühen Ergebnisse wahrscheinlich noch nicht als endgültig
angesehen werden, doch das qualitative Ergebnis, daß nämlich Organismen
verschiedener Stämme und Klassen in sehr unterschiedlichem Maße bei der
Respiration die Sauerstoffisotope fraktionieren, darf wohl als gesichert
gelten. Danach sähe es freilich recht hoffnungslos aus, bei der Vielzahl von
Organismentypen den globalen Mittelwert für die Sauerstoff-Fraktionierung
bei der Respiration auf Grund von Einzelmessungen ermitteln zu wollen.
Doch auch hier vereinfacht sich die Situation bei näherer Betrachtung erheblich: Etwa 70% der globalen Respirationsrate (auf dem Festland) spielen
sich im Boden ab, und zwar beim Abbau toter organischer Substanz durch
Mikroorganismen. Mißt man daher die Fraktionierung bei der Boden-
atmung pauschal, so hat man damit bereits einen repräsentativen Anteil an
der Gesamtatmung erfaßt. Der Rest verteilt sich auf sehr unterschiedliche
Lebensformen: Pflanzenatmung (vorzugsweise in den Wäldern) etwa 25%
und die restlichen 5% auf alles übrige.

Außerdem hat es den Anschein, daß der Fraktionierungsfaktor bei der
Respiration mit der sog. Atmungsgröße (= spezifischer Sauerstoffverbrauch, bezogen auf die lebende Biomasse des Organismus) korreliert ist
(*Förstel, Freyer, Wagener* 1969; *Schleser* 1973), so daß man aus den umfang-
reich bekannten Daten über Atmungsgrößen unbekannte Fraktionierungs-
faktoren errechnen könnte. Bemerkenswert ist dabei, daß die Isotopenfraktionierung mit steigender Atmungsgröße (die über mehrere Größenordnungen variiert) zunimmt, was darauf hindeutet, daß es sich hierbei um
eine kinetische Massenfraktionierung handelt. Abb. 6 zeigt das derzeitig
von uns vermutete Reaktionsmodell, welches ein derartiges Verhalten erklären könnte. Auf diesem Wege wird es möglich sein, den gesuchten
globalen Mittelwert des Fraktionierungsfaktors aus Einzelmessungen zu
ermitteln, den wir derzeit (auf Grund weniger vorliegender Messungen)
nur schätzen können. Bezeichnen wir den Molenbruch an ^{18}O im Luftsauerstoff mit γ_1, und den Molenbruch in dem Sauerstoff, der in die Atmungskette mündet mit γ_3, so ist der derzeitige Schätzwert für den glo-

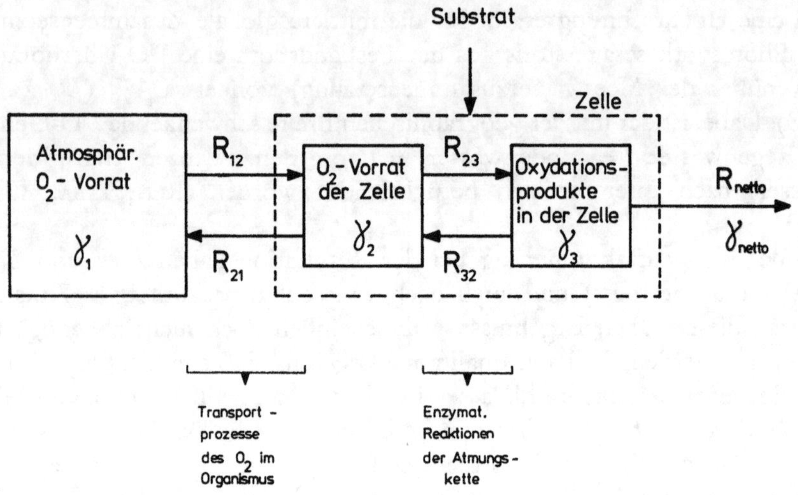

Abb. 6:   Modell des Sauerstoffweges durch einen atmenden Organismus. γ bedeutet den Molenbruch an ^{18}O in den einzelnen Kompartimenten. R_{ik} = Umsatzrate an Sauerstoff aus Kompartiment i ins Kompartiment k. Dabei kommt es jeweils zu charakteristischen Isotopenfraktionierungen. Die Transportprozesse zeigen eine kinetische Massenfraktionierung. Es ist ungewiß, ob es bei der Reaktion des freien Sauerstoffs mit dem Cytochrom a/a_3 zum Isotopenaustauschgleichgewicht kommt. Insgesamt gilt $R_{23} \gg R_{32}$.

balen Fraktionierungsfaktor $\alpha_{13} = \gamma_3/\gamma_1 \approx 0{,}985$ bis $0{,}982$, d. h., bei der Atmung wird bevorzugt das leichte Molekül, $^{16}O_2$, verbraucht.

Im stationären Zustand des Sauerstoffzyklus (Festlandzyklus) muß folgendes gelten: Zeitlich konstante Zusammensetzung des atmosphärischen Reservoirs, damit isotope Zusammensetzung des zufließenden (= Photosynthese-)Sauerstoffs gleich derjenigen des abfließenden (= in die Atmungskette mündenden). Damit ergibt sich die stationäre ^{18}O-Überhöhung im Luftsauerstoff gegenüber Meerwasser (γ_0) zu

$$\frac{\Delta\gamma}{\gamma_0} = \frac{\gamma_1 - \gamma_0}{\gamma_0} = \frac{\alpha_{01} - \alpha_{13}}{\alpha_{13}}$$

$$\approx \frac{1{,}010 - 0{,}983}{0{,}983} = 0{,}027 \quad \text{(isolierter Festlandzyklus).} \tag{2}$$

Da im Wasser lebende Pflanzen nicht transpirieren, entfällt im marinen Biozyklus die Sauerstofffraktionierung auf der Photosyntheseseite, d. h., es ist dort $\alpha'_{01} = 1{,}000$. Auch die kinetische Fraktionierung bei der Respiration scheint im Meer (offenbar infolge der niedrigeren Temperaturen) geringer zu sein als auf dem Festland (*Rakestraw, Rudd, Dole* 1951; *Vinogradov, Kutyurin, Zadorozhnyi* 1959). Man findet dort $\alpha'_{13} = 0{,}990$, so daß der Sauerstoff im (von der Atmosphäre isoliert gedachten) marinen Zyklus eine Zusammensetzung gegenüber Meerwasser von

$$\frac{\Delta\gamma'}{\gamma_0} = \frac{\gamma'_1 - \gamma_0}{\gamma_0} = \frac{\alpha'_{01} - \alpha'_{13}}{\alpha'_{13}}$$

$$\approx \frac{1 - 0{,}990}{0{,}990} = 0{,}010 \quad \text{(abgeschlossener mariner Zyklus)} \qquad (3)$$

haben sollte. Realiter kommt es natürlich zu einem gewissen Sauerstoffaustausch zwischen beiden Reservoiren, was dazu führt, daß die atmosphärische ^{18}O-Konzentration niedriger als nach Gleichung (2) und die im (gelösten) marinen Sauerstoff höher als nach Gleichung (3) ist. Aus den Differenzen zwischen Erwartungswert und Realwert läßt sich die Austauschrate zwischen Atmosphäre und Meer ermitteln, eine Größe, die im Rahmen der Umweltforschung von Interesse ist.

Jetzt können wir den Zusammenhang zwischen DOLE-Effekt und Biosphäre erkennen: Vor der Besiedelung des Festlandes entstammte der atmosphärische Sauerstoff ausschließlich dem marinen Zyklus; entsprechend muß der DOLE-Effekt zu jener Zeit wesentlich kleiner als heute gewesen sein. Mit dem Auftreten der Landpflanzen (vor etwa 400 Millionen Jahren) muß der ^{18}O-Gehalt in der Atmosphäre rasch und deutlich angestiegen sein, eine Erwartung, die sich prinzipiell nachprüfen läßt (siehe Abschnitt 7). Auch bei Änderungen im Stoffumsatz der Biozyklen (etwa infolge von Klimaänderungen) ist eine entsprechende Verschiebung im Betrag des DOLE-Effektes zu erwarten. Wir sehen also, daß nicht nur die Menge des Sauerstoffs in der Atmosphäre uns etwas aussagt über die Entwicklung der Biosphäre, sondern auch der variable ^{18}O-Gehalt in ihm.

6. Stickstoffzyklus

Obwohl die Freisetzung von Sauerstoff durch die Biosphäre sicher die weitreichendste Wirkung auf die Atmosphäre gehabt hat, darf nicht übersehen werden, daß die Existenz freien Stickstoffs in Gegenwart von Sauerstoff instabil und ebenfalls eine Folge der Aktivität der Biosphäre ist. Auf Grund chemischer Gleichgewichte sollte der Stickstoff als Nitrat im Meer vorliegen. Wir wollen den Stickstoffzyklus an dieser Stelle nicht weiter verfolgen, jedoch festhalten, daß auch der N_2-Partialdruck als eine im

Verlaufe der Erdgeschichte prinzipiell variable Größe angesehen werden muß.

7. Wege der Information über die Zusammensetzung der Atmosphäre in früheren Zeiten

Nach diesem Blick in die mutmaßliche Entwicklung von Atmosphäre und Biosphäre und ihre gegenseitigen Wechselwirkungen erscheint es interessant, nach Wegen zu suchen, wie man dieses noch weitgehend spekulative Bild durch objektive Fakten prüfen bzw. präzisieren kann.

7.1 Indizien und oxydische Relikte

Da gibt es zunächst einmal Indizien, die uns in recht grober Weise über die Abwesenheit oder Anwesenheit freien Sauerstoffs informieren. So ist die Tatsache, daß es weltweite, mächtige Formationen aus Sand und Schotter gibt, die Pyritkörner (FeS_2) enthalten, zweifellos ein starker Hinweis darauf, daß diese Sedimente in sauerstoff-freier Atmosphäre gebildet wurden. Denn Eisensulfid geht an der Luft in Eisenoxyd über. Das Alter dieser pyrithaltigen Schichten wird mit über 1,6 Milliarden Jahren angegeben. Andererseits gibt es ebenfalls mit weiter Verbreitung Sandsteine, Tone, Lehme und Schiefer, die durch Eisen-III-Oxyde rot gefärbt sind. Derartige Schichten sind stets jünger als etwa 1,5 Milliarden Jahre. Hier wird nun vermutet, daß es freier Sauerstoff war, der das zweiwertige Eisen zum dreiwertigen aufoxydiert hat.

In späteren Stadien kann man aus dem Auftreten bestimmter Tierarten zu halbquantitativen Schätzwerten für den Sauerstoffpartialdruck kommen (siehe *Vangerow* 1967). So sind die ältesten bekannten Relikte, in denen man Organismen mit echtem Zellkern (Eukaryonten) zu erkennen glaubt und die prinzipiell Aerobier sind, etwa 1 Milliarde Jahre alt. Im oberen Karbon hat man Urlibellen mit einer Flügelspannweite von über einem halben Meter gefunden. Insekten gehören nun zu einem Tierstamm, dessen Größenwachstum vom Bauplan her prinzipiell begrenzt ist. Sie besitzen kein Kreislaufsystem für die Sauerstoffversorgung, sondern sie erfolgt durch Diffusion von Tracheen und peripheren Luftsäcken aus. Insekten von dieser Größe würden heute an Sauerstoffmangel zugrunde gehen. Diese Tatsache wird daher als Indiz angesehen, daß im oberen Karbon der Sauerstoffgehalt der Atmosphäre höher als heute gewesen sein könnte. Ferner hat man die starken Schwankungen im Gehalt an organischem Kohlenstoff bzw. fossilen

Mikroorganismen in marinen Tonsteinen als Folge entsprechender Schwankungen in der Fruchtbarkeit des Meeres angesehen und entsprechende Schwankungen im Sauerstoffgehalt der Atmosphäre vermutet (*Ronov* 1958; *Tappan* 1968; *Welte* 1970). Sicherlich ist bei solchen Schlußfolgerungen Vorsicht geboten. Derartige Schwankungen können auch andere Ursachen haben, und die Folgerungen auf die Zusammensetzung der Atmosphäre erscheinen keineswegs zwingend.

Auf sichereren Boden gelangt man, wenn man Oxyde vor sich hat, die aus altem Luftsauerstoff gebildet wurden. Die roten Eisenoxyde in den Sedimenten sind allerdings schlecht geeignete Informationsträger, da sie in Gegenwart von Wasser und damit unter schlecht definierten Bedingungen gebildet wurden. *Heinzinger, Junge* und *Schidlowski* (1971) haben jedoch eine Methode beschrieben, die es grundsätzlich gestattet, Luftsauerstoff zu untersuchen, der in definierter Weise konserviert wurde. Wenn ein Eisenmeteorit hinreichender Größe in die Erdatmosphäre eindringt, so schmilzt er oberflächlich, und der Fahrtwind bläst Tröpfchen geschmolzenen Eisens ab, die dann bei Gegenwart von Sauerstoff sofort zu Magnetit (Fe_3O_4) durchoxydiert werden. Derartige Magnetitkörnchen werden in Sedimenten gefunden. Man kann sich durch Messungen im Labor davon überzeugen, daß es auch über geologische Zeiten hinweg zu keinem Isotopenaustausch des Sauerstoffs zwischen der Magnetitphase und der Umgebung kommt. Man hat hier also unverfälschten, ehemals atmosphärischen Sauerstoff vor sich. Allerdings gibt die Bildung von Magnetit zunächst nur die Tatsache an, daß es zur Zeit, als diese Schmelzkugeln oxydiert wurden, in der Atmosphäre freien Sauerstoff gab. Bezüglich des Partialdrucks kann man allenfalls einen Minimalwert daraus ableiten. Die Hauptinformation, die diese Magnetitkörner enthalten, liegt im ^{18}O-Gehalt des gebundenen ehemaligen Luftsauerstoffs (siehe Abschnitt 5).

7.2 Konservierte Luftreste

Letzten Endes stellt sich natürlich der Wunsch nach einem unmittelbaren analytischen Zugang zur alten Atmosphäre. Wir haben uns die Frage vorgelegt, wo man nach konservierten Resten alter Luft suchen könnte. Dabei kam uns die Idee, daß bei der Ausscheidung von Salzlagerstätten auch atmosphärische Komponenten mit eingeschlossen werden müßten. Das Salz scheidet sich ja, etwa in einem abgeschlossenen Meeresbecken, aus der durch Verdunstung eingedickten Salzlösung aus. In dieser Sole ist nun, genauso wie im Meerwasser, Luft gelöst. Ein ausgeschiedener Salzkristall steht dabei im Gleichgewicht mit der ihn umgebenden Lösung, und zwar nicht nur in bezug auf die Gitter-bildenden Salzionen, sondern auch in bezug auf die in der Lösung vorhandenen fremden Komponenten, insbesondere die gelösten atmosphärischen Gase. Und in der Tat zeigten bereits die ersten Untersuchungen an deutschen Zechsteinsalzen, daß diese Vermutung offenbar richtig ist: Es wurden Stickstoff, Sauerstoff, die Isotope des Luftargons (Massenzahlen 36 und 38) sowie CO_2 und gelegentlich Methan und H_2S gefunden (*Freyer* und *Wagener* 1970). Die enthaltenen Gasmengen sind von der Größenordnung 1 mm³ N.T.P. pro g Salz und werden in den einzelnen Salzmineralien mit charakteristischen Unterschieden gefunden.

Wir sind heute, nach vierjähriger Untersuchung dieses Sachverhaltes, der Überzeugung, daß es sich hierbei um atmosphärische Komponenten handelt, die aus der Bildungszeit des Salzlagers stammen. Bei diesen Gasen kann es sich nicht um Kontaminationen handeln, die nach der Entnahme der Salzprobestücke aus dem Bergwerk eingedrungen sein könnten. Denn die Gase sitzen in molekularer Dispersion im Kristallgitter, genauso wie das durch den radioaktiven Zerfall des Kaliumisotops 40 entstandene Argonisotop 40. Der Dispersionsgrad der Gase ergibt sich dabei aus dem erreichten Grad der Entgasung, wenn die Salzstücke in einer Kugelmühle zerkleinert werden. Beim Zerkleinern auf 25 μ Enddurchmesser werden nur etwa 5% des enthaltenen Gases freigesetzt. In den natürlichen Kristalliten bzw. Probestücken liegt auch kein radialer Konzentrationsgradient der Gase vor, wie sich beim schrittweisen Abtragen der Körner (durch fraktioniertes Auflösen) zeigt. Insgesamt wurden verschiedene Aufschlußmethoden erprobt: Sublimieren, Aufmahlen sowie Auflösen (in vorher luftfrei gemachtem Wasser), und man kommt dabei – methodenunabhängig – prinzipiell zu den gleichen Ergebnissen (*Freyer* 1973).

Die radiogen aus dem im Mineral vorhandenen Kalium gebildete Argonmenge dient zur Datierung der Proben. Da alle Gase den gleichen Dispersionsgrad im Kristall besitzen, müssen also die gefundenen Luftkomponenten mindestens ebenso lange im Kristallgitter eingeschlossen gewesen sein, wie sich aus dem Kalium-Argon-Modellalter der Proben ergibt. Wir haben hier also zweifelsfrei erstmalig Reste alter Atmosphäre vor uns.

Allerdings ist es noch ein weiter Weg, von diesem Befund zu Angaben über die Zusammensetzung der koexistenten Atmosphäre zu kommen. Wenn sich Luft in Meerwasser oder konzentrierter Sole löst, verschieben sich infolge der individuellen Löslichkeiten die Komponentenverhältnisse. Dasselbe gilt für das Lösungsgleichgewicht zwischen Sole und Kristall. Diese Verhältnisse können aber im Laborexperiment ermittelt werden, so daß prinzipiell die gesuchte Information aus den Analysendaten abgeleitet werden kann. Es muß natürlich geprüft werden, in welchem Umfang die bei der Salzbildung eingeschlossene Luft im Verlaufe der Jahrhundertmillionen verändert wurde. So ist zum Beispiel nicht auszuschließen, daß ein Teil des Sauerstoffs während dieser Zeit verbraucht wurde bei der Oxydation von organischer Substanz, die sich ebenfalls im Salz vorfindet (*Dietrich* 1973). Ebenso ist es denkbar, daß freier Stickstoff als Zersetzungsprodukt dieser organischen Substanz gebildet wurde. Immerhin lassen sich derartige Prozesse nachträglich durch eine sehr genaue Isotopenanalyse dieser Gase erkennen. Ein teilweiser Verbrauch des Sauerstoffs würde nämlich – wiederum infolge der Isotopenfraktionierung bei der Oxydation – zu einer ^{18}O-Überhöhung im restlichen Sauerstoff führen. Es hat allerdings den Anschein, daß es in der Salzmatrix nicht in nennenswertem Maße zu Oxydationsprozessen gekommen ist. So konnte z. B. die Existenz ungesättigter Fettsäuren nachgewiesen werden (*Kranz* und *Kobel* 1973) – sicher ein sehr empfindlicher Indikator für die Reaktionsträgheit des im Gitter gelösten Sauerstoffs. Auch der in organischen Verbindungen enthaltene Stickstoff unterscheidet sich in seiner Isotopenzusammensetzung vom Luftstickstoff, so daß auch hier eine Isotopenanalyse Aufschluß über die Herkunft des Stickstoffs geben kann.

Da es sich bei der Salzbildung offenbar um Lösungsgleichgewichte gehandelt haben muß, sollten nach Anbringung der erwähnten Korrekturen eindeutige Rückschlüsse auf die Zusammensetzung der koexistenten Atmosphäre möglich sein. Zu Absolutangaben über die einzelnen Partialdrucke kann man dabei in der Weise gelangen, daß man die Mengenangaben der einzelnen Komponenten auf eine unveränderliche Komponente bezieht, für die es im Verlaufe der Erdgeschichte keine Quellen und Senken gab, also zum Beispiel auf ^{20}Ne oder die nichtradiogenen Argonisotope. Da es Salzlagerstätten bis ins Kambrium zurückgehend aus allen geologischen Zeiten gibt, könnte damit ein Weg gegeben sein, Aussagen über die Zusammensetzung der Erdatmosphäre in diesem für die Entwicklung wichtigen Zeitabschnitt zu bekommen.

In Fragen der Salzgeologie haben uns die Herren Kollegen *Borchert*, Clausthal, und *Richter-Bernburg*, Hannover, in dankenswerter Weise beraten.

Literatur

L. V. Berkner und L. C. Marshall: J. Atm. Sciences *22* (1965) 225–261 – dto. Vol. *23* (1966) 133–143. – Adv. Geophys. *12* (1967) 309–331.

H. S. Brown: Rare gases and the formation of the earth's atmosphere. In: G. P. Kuiper (Hrsg.): The atmosperes of the earth and planets, Chicago (Chicago University Press) (1949).

P. Decker: In: H. Metzner (Hrsg.): Progress in Photosynthesis Research, Tübingen (1969), Vol. I, 458–463.

E. T. Degens: Geochemistry of sediments, Englewood Cliffs, N.J. (Prentice Hall) (1965).

R. Dietrich: Dissertation, Aachen (1973).

M. Dole: J. Am. Chem. Soc. *57* (1935) 2731.

M. Dole and G. Jenks: Science *100* (1944) 409.

G. Dongmann, H. Förstel, K. Wagener: NATURE New Biology *240* (1972) 127–128.

G. Dongmann: Dissertation, Aachen (1973).

K. Dose: Umschau *67* (1967) 683–688.

H. Förstel, H. D. Freyer, K. Wagener: CACR-Symp., Heidelberg (1969).

H. D. Freyer und K. Wagener: Z. Naturf. *25a* (1970) 1427–1430.

H. D. Freyer: Kali u. Steinsalz *6* (1973) 117–121.

R. Goody: Naturwiss. *57* (1970) 10–16.

W. Groth und H. Suess: Naturwiss. *26* (1938) . . . .

W. Groth und H. v. Weyssenhoff: Ann. d. Physik *4* (1959) 69.

K. Harada und S. W. Fox: The thermal synthesis of amino acids from a hypothetically primitive terrestrial atmosphere. In: S. W. Fox (Hrsg.): The origins of prebiological Systems and of their molecular matrices (Acedemic Press), New York/London (1965) 187–201.

K. Heinzinger, C. Junge und M. Schidlowski: Z. Naturf. *26a* (1971) 1485–1490.

H. D. Holland: Geol. Soc. Am. (Buddington Vol.) (1962) 447–477. – Dto. in: The origin and evolution of atmospheres and oceans, John Wiley and Sons, New York (1963) 86–101.

IAEA (Wien): Technical Reports Series, Wien, *96* (1969): Environmental Isotope Data No. 1.

C. Junge: Umschau *66* (1966) 767–771.

R. Kranz und K. Kobel: (noch unveröffentlicht: Nachweis ungesättigter Fettsäuren in Salz).

V. W. Kutyurin: Israel Progr. Sci. Transl. Problems of Geochemistry (1969) 661.

K. A. Kvenvolden and G. W. Hodgson: Geochim. Cosmochim. Acta *33* (1969) 1195–1202.

A. Lane and M. Dole: Science *123* (1956) 574–576.

S. L. Miller: J. Am. Chem. Soc. *77* (1955) 2351–2361.

S. L. Miller and H. C. Urey: Science *130* (1959) 245.

R. Park and S. Epstein: Plant Physiol. *36* (1961) 133–138. – Geochim. et Cosmochim Acta *21* (1961) 110–126.

N. M. Rakestraw, D. P. Rudd and M. Dole: J. Amer. Chem. Soc. *73* (1951) 2976.

A. B. Ronov: Geochemistry *5* (1958) 510.

M. G. Rutten: The Origin of Life by Natural Causes, Amsterdam (Elsevier Publ. Co.) (1971).

M. Schidlowski: In: P. A. Schenck und I. Havenaar (Hrsg.): Advances in Organic Geochemistry, Oxford (Pergamon Press) (1968) 579–592

M. Schidlowski: Geol. Rundschau *60* (1971) 1351–1384.

G. Schleser: Dissertation, Aachen (1973).

H. E. Suess: J. Geology *57* (1949) 600.

H. Tappan: Palaeogeogr. Palaeoclimatol. Palaeoecol. *4* (1968) 187–210.

H. C. Urey: The atmospheres of the planets. In: S. Flügge (Hrsg.): Handbuch d. Physik, *52* (1959) 363–418, Springer-Verlag, Berlin–Göttingen–Heidelberg.

E. F. Vangerow: Naturwiss. Rdsch. *20* (1967) 152–154.

A. P. Vinogradov und R. V. Teis: Doklady Acad. Sci. URSS *56* (1947) 59.

A. P. Vinogradov, V. M. Kutyurin und I. K. Zadorozhnyi: Geokhimiya (1959) *3*, 195–205.

D. H. Welte: Naturwiss. *57* (1970) 17–23.

A. J. Willis, E. M. Yenn und S. Balasubramiam: Nature *199* (1963) 265.

A. J. Willis und S. Balasubramiam: New Phytol. *67* (1968) 65.

Summary

At first a short review is given on the presumable development from the Hydrogen – rich primitive atmosphere of the earth to its present composition. Then some effects are discussed, resulting from certain stages in the evolution of the biosphere, which caused changes in the atmospheric composition. Some recent results about the isotope fractionation occuring in the Oxygen cycle are presented for the first time, and the correlation between the stage of development and spread of the biosphere, on the one hand, and the Dole-effect on the other, is discussed.

Finally it is reported on the existence and the investigation of preserved atmospheric traces trapped in salt deposits at the time of their formation.

On this basis attempts are made to reconstruct the composition of the atmosphere during former times.

Résumé

Après un aperçu sur l'évolution probable de l'atmosphère originelle riche en hydrogène jusqu'à sa composition actuelle, quelques effects seront discutés – provenant de certains degrés d'évolution de la biosphère – qui ont modifié l'atmosphère. Quelques résultats plus récents sur le fractionnement isotopique dans le cycle d'oxygène seront exposés pour la première fois, et le rapport de l'effet Dole avec l'état d'évolution et l'extension de la biosphère sera discuté. Finalement sera relaté l'examen de restes d'air conservés qui furent enfermés par la séparation de dépôts de sel. De là, pouvait se déduire une voie vers des examens directs de la composition de l'atmosphère dans des temps plus reculés.

Diskussion

Herr Groth : Entsteht der Sauerstoff aus dem CO_2 oder aus dem Wasser?

Herr Wagener : Auf der Erde aus dem Wasser.

Herr Groth : Und auf dem Mars?

Herr Wagener : Ich weiß es nicht.

Herr Groth : Die Mariner-Experimente haben ergeben, daß die Emissionen, die man beobachtet, praktisch alle aus der CO_2-Photolyse entstehen. Man hat dort aber nicht nur CO-Emissionen, sondern auch Emissionen von $O(^1D)$ gefunden. Sauerstoffatome gibt es ganz sicher, die aus der CO_2-Photolyse entstehen.

Ich würde deshalb annehmen, daß auch der Sauerstoff als Molekül aus dem CO_2 gebildet wird.

Herr Wagener : Das mag sein.

Herr Flohn : Für den Klimatologen, der an der Geschichte der Atmosphäre interessiert ist, waren eine Reihe Ihrer Ergebnisse ziemlich aufregend. Man neigt meist dazu, die Änderungen des ^{18}O-Anteils in Isotopengemischen rein thermisch zu interpretieren; hier liegen Fehlerquellen, weil wir nicht wissen, ob der ^{18}O-Gehalt des Meerwassers immer der gleiche gewesen ist.

Daß hier die Transpiration der Vegetation eine Rolle spielt, macht die Dinge noch komplizierter, weil wir nicht voraussetzen dürfen, daß die gegenwärtige Dichte der Vegetation – global gesehen – konstant gewesen ist. Sie müßte sich zumindest in den Eiszeiten erheblich verändert haben, aber auch schon vorher.

Läßt sich aus diesen Untersuchungen irgendein Rückschluß ziehen auf die zeitlich variable Dichte der Vegetation?

Herr Wagener: Grundsätzlich ja. Wenn sich das Verhältnis der Stoffumsätze in den beiden Biozyklen (Festlandzyklus und mariner Biozyklus) ändert, sollte es zu einer Änderung des ^{18}O-Gehaltes im Luftsauerstoff kommen. Das liegt, wie wir gesehen haben, an der unterschiedlichen Isotopenfraktionierung in den beiden Biozyklen und der Tatsache, daß die beiden Sauerstoffreservoire (Luftsauerstoff und der im Meerwasser gelöste Sauerstoff) einen gewissen Stoffaustausch haben.

Herr Flohn: Dabei ist auffällig, daß zu Beginn des Paläozoikums eine rapide Entwicklung bei den verschiedensten Tier- und Pflanzenarten eingesetzt hat, die darauf deutet, daß sich das Milieu in verhältnismäßig kurzer Zeit sehr stark geändert hat; vieles spricht dafür, daß in dieser Zeit ein verhältnismäßig rascher Anstieg des Sauerstoffpegels erfolgt ist.

Herr Wagener: Ja, so daß die Sauerstoffatmung möglich war.

Herr Jaenicke: Sie sagten, daß der DOLE-Effekt durch die Geschwindigkeit enzymatischer Reaktionen während der Respiration zustande kommt, daß also diese Reaktionen sozusagen mit der vom Isotopenverhältnis geregelten Sauerstoffaffinität zusammenhängen. Habe ich das recht verstanden?

Herr Wagener: Bei der Respiration sind zwei Gruppen von Reaktionsschritten in Reihe geschaltet:
(1) Transportprozesse bei der Heranführung des Sauerstoffs bis an die strukturgebundenen Enzyme in der Zelle;
(2) die enzymatischen Reaktionen in der Atmungskette.
Das Ziel ist nun, modellmäßig die Tatsache zu erklären, daß die Isotopenfraktionierung mit wachsender Durchsatzrate an Sauerstoff wächst. Das ist einmal in der erwähnten Weise durch eine kinetische Fraktionierung bei den Transportschritten möglich, oder aber durch eine zunehmende Störung des Gleichgewichts einer der enzymatisch katalysierten Reaktionen.

Herr Jaenicke: Ich weiß nicht, ob man damit rechnen darf, daß eine der enzymatischen Reaktionen, mit denen der Sauerstoff unmittelbar arbeitet, nicht in der Sättigungsgrenze liegt.

Herr Wagener: Ich habe Biochemiker gefragt, ob ein Enzym ein Katalysator im echten Sinne sei, der die Hin- und Rückreaktion katalysiert. Nach deren Meinung trifft das zu.

Herr Jaenicke : Wäre es nicht auch möglich, daß der Effekt eine Phasen-verteilung des Sauerstoffs darstellt? Das ist bekannt von ^{18}O und ^{16}O. Im allgemeinen treten ja diese enzymatisch genutzten Sauerstoffe in irgendeine Lipid-Phase ein.

Herr Wagener : Eine Isotopen-selektive Verteilung auf zwei Phasen (z. B. Lipidphase und wäßrige Lösung) ist grundsätzlich zu erwarten. Jedoch hat diese Erscheinung keinen Einfluß auf die Isotopenfraktionierung beim *stationären* Stoffdurchsatz, der praktisch immer vorliegt. Denn bei den ge-ringen Lösungskapazitäten spielen nicht-stationäre Einlaufvorgänge (prak-tisch) keine Rolle.

Herr Steiner : Wenn ich Ihren Ausführungen richtig gefolgt bin, bewirkt die Pflanze durch ihren Stoffwechsel eine Verschiebung des O_2-Isotopen-verhältnisses.

Wenn nun in einer Zeiteinheit gleich viel organische Substanz durch die Photosynthese entsteht und durch die Atmung – von Pflanzen, Tieren und Mikroorganismen – abgebaut wird, sollte sich letzten Endes am Verhältnis $^{18}O/^{16}O$ in der Atmosphäre nichts ändern.

Muß nicht zur Erklärung die fossile organische Substanz herangezogen werden, deren Menge ja die gesamte Biomasse um mehrere Zehnerpotenzen übertrifft. Der in ihr enthaltene Sauerstoff könnte eine bleibende Verschie-bung des Isotopenverhältnisses bedingen.

Herr Wagener : Es ist sicher richtig, daß sich der Sauerstoffzyklus und damit das $^{18}O/^{16}O$-Verhältnis im Luftsauerstoff – zumindest mit sehr guter Näherung – in einem stationären Zustand befindet. Was die Menge des unoxydierten organischen Kohlenstoffs in den Sedimenten anbetrifft, so übertrifft diese zwar die gesamte Biomasse um 3 Größenordnungen, ist andererseits aber um 2 Größenordnungen kleiner als die gesamte Wasser-menge auf der Erde, aus der der Photosynthese-Sauerstoff gebildet wurde.

Herr Steiner : Der fossile Kohlenstoff interessiert mich in diesem Zu-sammenhang nicht, sondern der in der fossilen organischen Substanz ent-haltene Sauerstoff.

Nach meiner Vorstellung sollte sich am O_2-Isotopenverhältnis in der Atmosphäre nichts ändern, wenn alle bei der Photosynthese gebildete organische Substanz wieder ohne Rest veratmet würde, wenn also keine Fossilsubstanz übrigbliebe.

Herr Wagener : Ob im Biozyklus unoxydierte organische Substanz übrigbleibt oder nicht, ist – zumindest wenn es in dem geringen prozentualen Maße wie bisher geschieht – für das stationäre Sauerstoff-Isotopenverhältnis in der Atmosphäre belanglos.

Herr Steiner : Gut! Das würde aber heißen, daß sich das Gleichgewicht noch nicht eingestellt hat. Wenn es aber einmal vorhanden ist, sollte sich am Isotopenverhältnis nichts mehr ändern, wenn sich Photosynthese und Atmung insgesamt das Gleichgewicht halten.

Herr Wagener : Das haben sie in den vergangenen 2 Milliarden Jahren offenbar stets mit guter Annäherung getan. Die Leckrate im Kohlenstoffzyklus, d. h. der Anteil, der unoxydiert in den Sedimenten begraben und damit aus dem Zyklus herausgenommen wird, beträgt – gemittelt über die letzten 2 Milliarden Jahre – etwa 10^{-4} der Umsatzrate.

Herr Steiner : In denen aber auch, wenngleich geringe Mengen, von Sauerstoff enthalten sind!

Herr Wagener : Ja, aber wegen des riesigen Meerwasserreservoirs keine merklichen Isotopenverschiebungen hervorrufen können.

Herr G.O. Schenck : Es ist natürlich in dem Zusammenhang die verhältnismäßig kurze Zeit des Turnover des atmosphärischen Sauerstoffs. Das ist, soviel ich weiß, nur im Bereich von etwa 1500 Jahren.

Herr Wagener : Etwas mehr; mehrere tausend Jahre.

Herr G.O. Schenck : Aber nur etwa einige tausend Jahre. Das kann man auch noch als Turnover ins Feld führen. Dann müßte man doch, wenn man die Dinge so überlegt, mehr gegen die Annahme von Herrn Steiner einwenden. Ich glaube, daß gerade die Tatsache, daß sich die Atmosphäre in dieser relativ kurzen Zeit mit dem Sauerstoff erneuert, auch ein Argument dafür ist, wie ich es sehe. Allerdings sollte man das nachher diskutieren.

Ich würde selbst gern noch einmal eine Frage zur Entstehung des Sauerstoffs stellen. Sie haben über verschiedene Reaktionen diskutiert, aber über eine nicht. Das ist die Möglichkeit der sensibilisierten Wasserphotolyse durch denkbare Sensibilisatorsysteme, die mir bekannt sind. Eines ist beispielsweise Cerperchloratsalz. Cersalze wurden von J. J. Weiß sowie von R. J. Marcus als Wasser spaltende Photo-Sensibilisatoren untersucht. Solche Cersalze hätten ja auch in Vorzeiten zur Wasserphotolyse beitragen können. Sie hätten zugleich als Lichtfilter für die Eobionten in solchen Schichten dienen können.

Ich wollte auch daran erinnern, daß bestimmte Silbersalze, so zum Beispiel Silberphospat, an der Oberfläche eine Wasserspaltung photosensibilisieren können.

Man sollte deshalb vielleicht auch andere Möglichkeiten nicht ausschließen, sondern sie in Betracht ziehen. Oder haben Sie diese schon ausgeschlossen?

Herr Wagener: Es wäre sehr interessant, wenn Sie abschätzen könnten, welche Erzeugungsrate aus derartigen Prozessen zu erwarten wäre. Seit dem Aufkommen der Photosynthese haben sie sicher keinerlei Bedeutung mehr gehabt, aber für die Zeit vorher wäre dieser Hinweis ein interessanter Gedanke.

Herr G. O. Schenck: Mir ist die Konzentration als solche nicht bekannt, die man brauchte, um das abschätzen zu können.

Es ist jedenfalls so, daß es die Absorption erlauben würde, mit längerwelligem Licht noch Wasser zu spalten, das heißt man brauchte noch nicht die Photosynthese zu erfinden und könnte schon ein beginnendes Ozonfilter haben, wobei es dann noch möglich wäre, Wasser zu photolysieren. Markus hat mit einem Sonnenspiegel gearbeitet.

Meine zweite Frage war die: Wie ist eigentlich – vielleicht habe ich das in Ihrem Vortrag nicht mitbekommen; es war eigentlich nicht Ihr Thema – die Gesamtmenge des Stickstoffs in die organische Welt hineingekommen? Der Stickstoff war zunächst doch wohl in irgendeiner Form als N_2 vorhanden. Oder nehmen Sie an, daß alles vom Ammoniak ausgegangen ist?

Herr Wagener: Doch wohl vom Ammoniak und den Ammoniumsalzen aus. In Gegenwart freien Sauerstoffs sollte Stickstoff als Nitrat im Meer vorliegen. Daß das nicht der Fall ist, liegt an den schnellen (biologischen) Reaktionen der Denitrifikation.

Herr G. O. Schenck: Meine letzte Frage: Gibt es die Möglichkeit, daß die Stickstoffoxyde auf dem Weg der Bildung der Salpetersäure aus der Atmosphäre entgiftet werden? Das ist für den Umweltschutz eine wichtige Frage, da gerade die Dieselmotoren das verursachen.

Herr Wagener: Das kann ich nicht sagen.

Herr Betz : Der bei der Photosynthese freiwerdende Sauerstoff stammt aus dem Wasser. Da nach den Ausführungen von Herrn Wagener die Transpiration zu einer Anreicherung des ^{18}O-haltigen Wassers in den Blättern führt, muß die Photosynthese das schwerere Isotop bevorzugt in die Atmosphäre ausscheiden.

Die Atmung der Organismen kann diesem Prozeß nicht entgegenwirken, denn sie nimmt bevorzugt ^{16}O auf. Dadurch wird ^{18}O nicht über-, sondern eher unterproportional in CO_2 und in die Kohlenhydrate eingebaut. Deshalb braucht in dieser Betrachtung die organische Substanz und das Isotopenverhältnis in den Sedimentgesteinen nicht berücksichtigt zu werden.

Herr Steiner : Ich meine: doch! Wenn wir die gesamte auf der Erde vorhandene, lebende, tote oder fossile organische Substanz verbrennen, bleiben nur H_2O und CO_2, also das, woraus sie entstanden ist. Dann sollte sich doch am Isotopenverhältnis des Sauerstoffs in der Atmosphäre nichts geändert haben.

Herr Ohlenbusch : Die von Herrn Steiner vorgeschlagene Verbrennung organischer Substanzen durch Luftsauerstoff ist kein geeignetes Modell für die Vorgänge innerhalb der Zelle. Hier stammt der Sauerstoff der organischen Verbindungen bis zum CO_2 ausschließlich aus dem Wasser. Der Luftsauerstoff durchläuft einen hiervon unabhängigen Kreislauf zwischen Reduktion zu Wasser (Atmung) und Freisetzung durch Photolyse aus Wasser.

Herr G.O. Schenck : Vielleicht könnte man diese ganze Überlegung dadurch erleichtern, daß wir uns einmal vorstellen, daß es diesen Effekt *nicht* gäbe: Wie würde sich dann eine Atmosphäre, die mit ^{18}O und ^{16}O angefüllt ist, verhalten, wenn wir die bekannte Zusammensetzung des Wassers der Ozeane haben? Dann würde nämlich bei vorhandener Assimilation, aber ohne diesen Effekt, in einiger Zeit das ^{18}O aus der Atmosphäre verschwinden, da durch die Atmung das ^{18}O verbraucht wird und schließlich wieder in das Wasser hineinkommt. Bei der Assimilation würde Sauerstoff gebildet, der im wesentlichen ^{16}O enthielte, das heißt, durch dieses ständige Hin und Her mit der Atmosphäre würde der ^{18}O-Gehalt der Atmosphäre abnehmen müssen. Wenn also der DOLE-Effekt nicht existierte, dann müßte der ^{18}O-Gehalt der Atmosphäre abnehmen.

Herr Wagener : Wenn wir keinerlei biologische Aktivität hätten und auch keine anorganischen Oxydationsprozesse abliefen, dann wäre nach hinreichend langer Zeit der Sauerstoff der Atmosphäre mit dem Wasser der Ozeane im Isotopenaustauschgleichgewicht. Dabei würde der ^{18}O-Gehalt im Luftsauerstoff sehr dicht bei demjenigen im Wasser liegen; er würde sich nur um wenige Promille davon unterscheiden.

Herr Groth : Sie sprachen von dem Auftreten der ersten Sauerstoff- und Ozonmengen, die zu dem scharfen Anstieg im Kambrium oder Präkambrium geführt haben, und führten an, daß vorher die Vorgänge in 10 m Wassertiefe vor sich gegangen sein müßten. Die Frage ist: Wie kommt ein Prozeß, der sich in 10 m Tiefe unter Wasser abspielt, auf das Land? Muß da vorher nicht einmal ein Übergang an die Ufer der Meere stattgefunden haben?

Herr Wagener : Das ist zweifellos so gewesen. Zur Besiedelung des Landes wäre aus Gründen der Strahlungsabschirmung ein Sauerstoffpartialdruck von etwa $^1/_{10}$ des heutigen Wertes erforderlich.

Herr Flohn : Wie steht es mit der mittleren Verweilzeit von Kohlenstoff in der Biosphäre?

Herr Wagener : Dividiert man den Bestand der Biomasse durch die Umsatzrate, so kommen etwa 30 Jahre heraus. Das ist jedoch nur ein rechnerischer Mittelwert. In Wirklichkeit gibt es ein sehr weites Spektrum von Fixierungsdauern, die von einem Tag (im Tag-Nacht-Rhythmus der Pflanzen), über 1–2 Jahre (bei den jahreszeitlichen Bildungen wie Blättern) bis zu 100 Jahren beim Holz und noch darüberhinaus (gewisse Humusbestandteile im Boden) reichen.

Herr Thiele : Wie gesichert sind die Angaben über den Sauerstoffumsatz in der Atmosphäre und Biosphäre? Ich habe in neuerer Zeit ganz widersprüchliche Angaben darüber gelesen, wie lange es dauern würde, bis sich der Sauerstoffgehalt in der Atmosphäre auf Null vermindert hat, wenn die Pflanzen ihre chemische Aktivität schlagartig einstellen würden. Das reicht von wenigen tausend bis zu Millionen von Jahren. Kann man darüber etwas sagen?

Herr Wagener : Die Angaben über den Stoffumsatz im Festlandzyklus haben sich in den letzten 20 Jahren um den Faktor 2 geändert, so daß ich annehmen möchte, daß der heute angenommene Wert von $1 \cdot 10^{11}$ t/Jahr eine Unsicherheit von vielleicht 50% enthält. Anders sieht es mit dem marinen Zyklus aus. Dort haben sich die Angaben auf etwa $^1/_6$ des vor 20 Jahren angenommenen Wertes reduziert. Das liegt vor allem daran, daß erst in der Zwischenzeit deutlich wurde, wie unfruchtbar die offenen Meere in ihrer Primärproduktion sind. Für den marinen Zyklus nimmt man heute einen Umsatz von etwa $0{,}5 \cdot 10^{11}$ t/Jahr an.

Faßt man im Sinne Ihrer Frage beide Biozyklen zusammen, so wären zum Verbrauch des atmosphärischen Sauerstoffs (bzw. zum einmaligen Umsatz des Vorrats) etwa 7000 Jahre erforderlich.

ABHANDLUNGEN

38	*Max Braubach, Bonn*	Bonner Professoren und Studenten in den Revolutionsjahren 1848/49
39	*Henning Bock (Bearb.), Berlin*	Adolf von Hildebrand Gesammelte Schriften zur Kunst
40	*Geo Widengren, Uppsala*	Der Feudalismus im alten Iran
41	*Albrecht Dihle, Köln*	Homer-Probleme
42	*Frank Reuter, Erlangen*	Funkmeß. Die Entwicklung und der Einsatz des RADAR-Verfahrens in Deutschland bis zum Ende des Zweiten Weltkrieges
43	*Otto Eißfeldt†, Halle, und Karl Heinrich Rengstorf (Hrsgb.), Münster*	Briefwechsel zwischen Franz Delitzsch und Wolf Wilhelm Graf Baudissin 1866–1890
44	*Reiner Haussherr, Bonn*	Michelangelos Kruzifixus für Vittoria Colonna. Bemerkungen zu Ikonographie und theologischer Deutung
45	*Gerd Kleinheyer, Regensburg*	Zur Rechtsgestalt von Akkusationsprozeß und peinlicher Frage im frühen 17. Jahrhundert. Ein Regensburger Anklageprozeß vor dem Reichshofrat. Anhang: Der Statt Regenspurg Peinliche Gerichtsordnung
46	*Heinrich Lausberg, Münster*	Das Sonett *Les Grenades* von Paul Valéry
47	*Jochen Schröder, Bonn*	Internationale Zuständigkeit. Entwurf eines Systems von Zuständigkeitsinteressen im zwischenstaatlichen Privatverfahrensrecht aufgrund rechtshistorischer, rechtsvergleichender und rechtspolitischer Betrachtungen
48	*Günther Stökl, Köln*	Testament und Siegel Ivans IV.
49	*Michael Weiers, Bonn*	Die Sprache der Moghol der Provinz Herat in Afghanistan

Sonderreihe
PAPYROLOGICA COLONIENSIA

Vol. I *Aloys Kehl, Köln*	Der Psalmenkommentar von Tura, Quaternio IX (Pap. Colon. Theol. 1)
Vol. II *Erich Lüddeckens, Würzburg* *P. Angelicus Kropp O. P., Klausen* *Alfred Hermann und Manfred Weber, Köln*	Demotische und Koptische Texte
Vol. III *Stephanie West, Oxford*	The Ptolemaic Papyri of Homer
Vol. IV *Ursula Hagedorn und Dieter Hagedorn, Köln,* *Louise C. Youtie und Herbert C. Youtie,* *Ann Arbor*	Das Archiv des Petaus (P. Petaus)

SONDERVERÖFFENTLICHUNGEN

| Der Minister für Wissenschaft und Forschung des Landes Nordrhein-Westfalen – Landesamt für Forschung – | Jahrbuch 1963, 1964, 1965, 1966, 1967, 1968, 1969, 1970 und 1971/72 des Landesamtes für Forschung |

Verzeichnisse sämtlicher Veröffentlichungen der Arbeitsgemeinschaft für Forschung des Landes Nordrhein-Westfalen, jetzt der Rheinisch-Westfälischen Akademie der Wissenschaften, können beim Westdeutschen Verlag GmbH, 567 Opladen, Ophovener Str. 1–3, angefordert werden.

GPSR Compliance
The European Union's (EU) General Product Safety Regulation (GPSR) is a set
of rules that requires consumer products to be safe and our obligations to
ensure this.

If you have any concerns about our products, you can contact us on

ProductSafety@springernature.com

In case Publisher is established outside the EU, the EU authorized
representative is:

Springer Nature Customer Service Center GmbH
Europaplatz 3
69115 Heidelberg, Germany

www.ingramcontent.com/pod-product-compliance
Lightning Source LLC
LaVergne TN
LVHW080051210726
843507LV00017B/880